CONTENIDO

¿Qué hay detrás de la cadena de suministro global?

II. ¿Cómo ser inteligente cuándo las máquinas son más inteligentes que tú?

- No necesitamos dinosaurios en el almacén

- La planeación lo es todo

- Las buenas cadenas de suministro generan ahorro, las grandes cadenas de suministro generan dinero

Raúl Samaniego Vela

CHAINLLENGE

Desafiando la Cadena de Suministro

2020

¿Qué hay detrás de la cadena de suministro global?

Mucho del contenido de este libro va dirigido a profesionales de la ingeniería industrial, supply chain management, y carreras afines. Pero también puede interesarle a todo profesional y emprendedor que quiere entender las vicisitudes de un negocio.

Mi idea es mostrar una visión particular en un modelo hibrido del lado humano con los procesos y tecnología industrial, así como lo fascinante que son las tendencias del futuro y que se aplicarán en un tiempo cercano en todos los países y mercados emergentes.

Desde la perspectiva en la que yo me desenvuelvo, el supply chain llegará a un nivel superlativo que sobrepasará el entorno industrial, y se generará una cadena de suministro de corte civil, que permitirá aplicar técnicas de optimización en diversos aspectos de la sociedad, como el control de riesgos de desastres naturales, la escasez de alimentos y medicinas o el desarrollo urbano de las ciudades.

La globalización ha permitido integrar al mundo más allá de las ubicaciones físicas. Ahora contamos con una red inteligente basada en el conocimiento y la tecnología, atrayendo inversiones y oportunidades aplicables a todos los mercados del mundo.

Gracias a este entorno se podrán producir bienes y servicios en mayor volumen y con menores costos, proporcionando mayor valor agregado a los consumidores regionales.

Las economías abiertas son las que mejor se integran globalmente, recurriendo a los recursos locales y regionales para llegar al mundo.

¿Qué quiero compartir con ustedes?

Este libro es parte de mi testimonio como profesional y líder de equipos multiculturales orquestando cadenas de suministro de extremo a extremo, pero también como actor de un escenario de crecimiento sostenido en países de la región del sudeste asiático y Asia en general, cuyos modelos y patrones se comenzarán a replicar, de manera referente, en los países en vías de desarrollo y mercados emergentes a nivel global. No solo en conductas empresariales sino también la evolución y dinamismo del mercado así como en hechos cotidianos que dejarán en evidencia que la innovación es el camino ideal para optimizar los actos de la humanidad.

I

El Reto Asiático

Cuando estaba en proceso de terminar la primera versión del libro, nuevamente aparece otro desafío en este hiper-dinámico mundo de las cadenas de suministro (Supply Chain en inglés) de toda la región del ASEAN (Asociación de Naciones del Sudeste Asiático) con un población aproximada de 650 millones de personas en los países que la conforman: Brunei, Camboya, Indonesia, Laos Malasia, Myanmar, Filipinas, Singapur y Vietnam. Papua Nueva Guinea y Timor Leste son por el momento naciones observadoras. Esto la hace la 3era más grande población del planeta.

Después de dirigir 3 años la Cadena de Suministros de AJE Indonesia y luego la de AJE Tailandia por un periodo similar, llega este nuevo desafío que ya demandaba desde hace un buen tiempo en nuestra organización. Tener operaciones independientes, con cabezas individuales y sin una estrategia regional planteada y ejecutada en la región no permitía encontrar las sinergias para avanzar más como grupo en esta fascinante región del mundo: el Sudeste Asiático.

Si bien, el Sudeste Asiático es visto como un grupo de naciones cercanas geográficamente, no puede ser tratada como una región uniforme. Por lo tanto, es necesario pensar en estrategias que satisfagan las necesidades de cada mercado local.

Pero sí es posible encontrar sinergias a todo nivel en todos los aspectos de los negocios, principalmente en lo referente de la cadena de suministro.

En esta región conviven empresas locales de rápido crecimiento, así como empresas extranjeras que invierten haciéndola una de las regiones más grandes de población en el mundo, haciendo un ecosistema muy vibrante y dinámico. Las empresas que quieren ser exitosas tienen que mirar a largo plazo con un enfoque de mejora continua super ágil, en un contexto de innovación y un profundo entendimiento de los consumidores en la región. El hecho de hacer la centralización de la gestión de Cadena de Suministro para esta región, no implica tener una solución "one-size-fits-all".

Se necesita ser competitivo y complementario frente a los otros gigantes de la región (China, India, Japón, Korea). Vietnam, Myanmar, Laos, entre otros, tienen potenciales mercados que están despegando a ritmos sorprendentes.

El nuevo global: Piensa Regional y Actúa local

P. Koetler: "Forget the world, Think regional, act local"

Philip Kotler publicaba esta frase en su libro "Think New ASEAN" para poner atención en la región y focalizarse en un área donde se pueda desarrollar una gran ventaja competitiva para integrarse globalmente.

Globalización refiere a cómo te integras a la economía global para atraer inversiones, capital y tecnología para producir productos y servicios dando el máximo valor a nuestros clientes/consumidores locales, regionales y globales.

Globalizar no es solo tener sedes en el mundo

La mejor manera de integrarse globalmente es aprovechar los recursos locales y regionales para alcanzar el mundo.

Construir la fortaleza sólida en el mercado doméstico y regional, en una primera etapa. Un robusto networking aprovechando los tratados de libre comercio y fuerza colectiva. Entender qué quieren los clientes locales y crear productos atractivos y diferenciadores.

Un secreto llamado Indonesia.

Artículo publicado en 2015 en el portal

http://www.indonesianoticia.com/

Cuando me propusieron trabajar a Indonesia, no lo pensé mucho aún sin saber nada sobre este país.

Mi espíritu de aventura, mi pasión por viajar y conocer nuevos horizontes así como un gran reto profesional hizo que tomara esta decisión ante la sorpresa de mis amigos y familiares.

¿Dónde queda Indonesia?, ¿cómo te vas a ir tan lejos si en Perú estás muy bien?, decían con cierta preocupación y asombro.

En mi país, Perú, no se conoce mucho de Indonesia por lo que ciertamente era toda una aventura personal y profesional.

Al inicio, lo que más me atrajo de venir a Indonesia, fue el reto de trabajar en unos de los países más poblados del mundo y con una de las tasas de crecimiento económico más altas en los últimos años.

Sinceramente no esperé quedarme mucho tiempo. Pero al llegar a Indonesia, me fui enganchando muy rápido con el país, la gente, la comida, la cultura, las oportunidades y los negocios.

Definitivamente lo que hizo más rápida esta adaptación fue la calidez y amabilidad de su gente así como la seguridad del país.

El ya legendario tráfico y el desbordante ejército de motos son una locura y hacen que sea impredecible tu hora de llegada a algún lugar.

La primera vez que fui desde Cikarang a Yakarta, un viernes por la noche, tardé cinco horas y media para un trayecto de tan solo cuarenta y siete kilómetros.

Normalmente ese recorrido suele tardar casi dos horas. Esa noche fui a un local latino de salsa y el ambiente era espectacular. Fue una verdadera sorpresa encontrar que la música y la cultura latina eran muy apreciadas aquí, aunque a la vez era algo muy lejano, improbable y excéntrico.

Sin embargo, esa noche fue una señal que me permitió ver la afinidad que puede existir entre ambas culturas, diferentes en ciertos aspectos pero con muchas oportunidades de desarrollo y conexiones entre ambas.

Apuesto a ganador: que la fusión culinaria peruana-indonesa sería un éxito con ingredientes y sabores tan exóticos como ancestrales.

La comida, así como la música, son una puerta de entrada poderosa para el descubrimiento de los pueblos y culturas.

Llevo dos años en Indonesia, y cada vez encuentro más fascinante este país, tan complejo, tan lleno de contrastes y de posibilidades, que no alcanza una vida para abarcarlo.

Sabai en Tailandia: Las sonrisas de un país

Luego de estar 3 años en Indonesia, me propusieron moverme a la operación de Tailandia. AJE Tailandia, tuvo un inicio de operaciones muy auspicioso hace más de 15 años, pero no pudo mantener esa posición en el tiempo y se encontraba en una situación financiera complicada. Sin embargo, los dueños de AJE veían muchas oportunidades de darle vuelta a esa situación.

Tailandia es un país referente en cuanto a crecimiento, consumo per cápita, buena infraestructura y desarrollo de industria, así que acepté el reto de dirigir la cadena de suministros end-to-end (Planeamiento, Compras, Almacenes Manufactura, Calidad y Distribución).

Esto ya representaba consolidarme profesional y personalmente en la región y ya no solamente pensar que iba a estar en el sudeste asiático por poco tiempo. Esta región ya la encontraba atractiva, un reto como modelo de negocio en el mundo, que marcaría pautas en el desarrollo actual de los mercados emergentes a nivel global.

Tailandia es un país muy fascinante y enigmático. El lenguaje y su escritura, diferente a la occidental, hace que sea difícil llegar a penetrar y entender del todo esta cultura ya que generalmente el aprender un idioma nuevo te hace conocer y entender de manera más vivencial la cultura del país.

Al ser la comunicación muy difícil, hay que ser muy observador e ir viendo cómo viven los tailandeses, para entender su cultura en los negocios, en el trabajo y en lo cotidiano. Una de las cosas que percibes rápidamente es esa sensación de relajo, de querer pasarla bien, sin estrés. Esa actitud es englobada en el concepto de una palabra tailandesa, que no tiene traducción literal, pero es algo así como bienestar total, relax, no tener problemas, paz, armonía y balance. A ese estado mental y físico le dicen 'Sabai'. La actitud relajada y sonriente de su gente hace que sea conocida como 'el país de las sonrisas'.

Es un país que nunca ha sido colonizado, y que se ha mantenido independiente en una región como el Sudeste Asiático, que ha tenido muchas invasiones, conflictos y dificultades a lo largo de su historia. Esto se debe a que han sabido negociar con los países invasores, no poniendo todos los huevos en una sola canasta y astutamente han sabido llegar a acuerdos en orden de no poner en peligro a su gente. Siempre ha sido una monarquía paternalista y protectora con su pueblo, y eso ayuda a entender el carácter de los tailandeses en la vida diaria y en el trabajo. Hay un nivel de jerarquía que se respeta mucho a nivel de edad y a nivel organizacional. Eso hace que tu estilo de dirección cambie, que algunas veces tu liderazgo tenga que ser más directriz, en lugar de ser un poco más democrático y participativo.

Tailandia tiene una infraestructura muy buena en la región y se ha convertido en el hub del sudeste asiático en términos de industria, tecnología y comercio.

Otra cosa impresionante es ver aquí la cantidad de tiendas de conveniencia 7-Eleven, que están por todos lados y con un nivel de variedad en todos sus productos que abarcan desde comestibles, comida preparada, bebidas, ropa, utensilios, medicina, confitería, pago de servicios, y mil cosas más. Es el 'amigo cercano' que está disponible las 24 hrs y en cualquier lugar para lo que necesites, según su Misión de Negocios. Es alucinante lo que ha hecho esta cadena en Tailandia y cómo desarrolla su cadena de suministro en todo el país. Como comenta un blogger español: en los primeros días en Tailandia, todo el mundo tiene un idilio con 7-Eleven. También es de lo que más echas de menos cuando te vas.

Es solo una muestra que me permitió ver qué tan interesante es este país, qué oportunidades hay y también ver qué tan diferente es el tailandés frente al resto de países de la región. Un tailandés frente a los otros países de la región se siente diferente. Es como alguien me decía: "son los norteamericanos de la región".

Y es por eso que al tailandés no le gusta mucho trabajar fuera de su país, porque se siente muy cómodo en el suyo. Es un país muy cómodo para vivir, la gente es muy amable, la comida es deliciosa, la infraestructura es buena, tienes para todos los gustos, la naturaleza es alucinante.

Todo eso ha hecho que conocer y trabajar en este país me haya permitido tener una visión amplia de lo que significa Tailandia para el resto de la región y sobre todo para los países vecinos como Myanmar, Laos, Camboya, donde hay alta migración de estos ciudadanos hacia Tailandia, pueden encontrar trabajo que de pronto los tailandeses no quieren ejercer.

Tailandia es el país que tiene la menor tasa de desempleo en el mundo, menos de 1 %, y también menor índice de pobreza. Eso hace que su gente viva bien, no que tenga grandes salarios pero hay oportunidades de trabajo, en el mercado formal y en el informal. Hace también que la rotación de personal sea alta, ya que trabajar en una empresa donde la cadena de suministro siempre es retadora con alta carga de estrés y presión va en contra del concepto del 'sabai', el bendito 'sabai-sabai'. Es uno de los grandes desafíos de este país en cuanto al capital humano.

II

¿Cómo ser inteligente cuándo las máquinas son más inteligentes que tú?

Otro punto importante a destacar en el mundo actual es el tema de la inteligencia artificial, que desde ya vemos que está cambiando toda actividad que realizamos en la actualidad.

A pesas que existen fuertes tendencias de opinión, la revolución de la tecnología digital no va a deshumanizar los entornos laborales, sino más bien se experimentará un renacer de la inteligencia humana en el ambiente laboral y cotidiano, ya que estas nuevas tecnologías van a repotenciar las habilidades del ser humano.

Si hasta el mundo actual las personas realizaban en las fábricas labores repetitivas, en las que no hay que pensar mucho —y que ahora lo pueden hacer las máquinas–, el ser humano está llamado a realizar un upgrade de su propio performance.

Considero que es importante poner foco en ese renacer de la inteligencia humana, en la capacidad del ser humano de realizar acciones más profundas, con más valor que lo que se hace habitualmente. En esto, hay mucho campo que explotar desde la perspectiva del CX (Customer Experience) – La experiencia del cliente.

Es importante reenfocar las habilidades profesionales, es el gran desafío de lo que ocurrirá en un futuro cercano con la población laboral del mundo.

A partir del desarrollo de nuevas tecnologías como la inteligencia artificial, la realidad aumentada, el internet de las cosas y la robótica, entre otras, veremos en un tiempo cercano nuevos oficios que traerán entornos de acción distintos a lo que vemos ahora y lo consideramos como futuro.

No necesitamos dinosaurios en el almacén

Cuando empecé a trabajar en Alicorp como Supervisor de Producción al terminar la carrera de Ingeniería Industrial, la empresa de bienes de consumo más grande del Perú, quería enfocarme más en la área de producción, mantenimiento y proyectos industriales. Yo quería desarrollarme en manufactura, pero hubo una circunstancia que me marcó: fui 'pro-movido' a logística.

La empresa tenía la visión que yo podía aportar en la gestión de almacenes y logística porque ya tenía cierta experiencia en producción y querían a alguien que conozca el otro lado del mostrador, en un entorno de cambio estructural, con muchos problemas entre manufactura y logística, y en proceso de recambio generacional y cultural de la gigante Alicorp.

En esa época, la gente que trabajaba en almacenes era la que estaba de salida de la empresa, gente a quien querían "aburrir" en un entorno repetitivo, sea por edad o por temas contractuales.

Entonces me dieron la misión de dinamizar el área porque veían en mí un perfil adecuado para romper con el esquema tradicional y comenzar a desarrollar una cadena de suministro.

Ahora, gracias a factores como la cuarta revolución industrial y desarrollo del e-commerce, los almacenes son la base de muchos de los negocios millonarios en el mundo, como Amazon o Ali Babá.

La planeación lo es todo

Dwight Eisenhower, un militar y político norteamericano que sirvió en la Segunda Guerra Mundial y luego se convirtió en presidente de los Estados Unidos, dijo: "Los planes son inútiles, pero la planeación lo es todo". Pasó años desarrollando su equipo, la estrategia y las capacidades para una invasión militar exitosa.

Fue un proceso de planificación que incorporó los comentarios de todos los miembros de su equipo.

Antes de la invasión a Alemania, cada uno de los miembros del equipo de Eisenhower sabía no solo qué hacer, sino también por qué se suponía que debían hacerlo.

Dwight Eisenhower escribiría su plan y lo distribuiría a su equipo, pero no era el documento en sí lo que les traería éxito, sino en la forma en que se resolvieron las contingencias.

En la cadena de suministro, cualquier pronóstico del futuro es inexacto, son predicciones aunque todos los planes y pronósticos deben tener la capacidad de adaptarse a situaciones emergente.

Cuando las condiciones cambian, ¿cómo actuar frente a la incertidumbre? ¿Quién puede responder rápidamente y hacer ajustes al plan o pronóstico? ¡Por supuesto que las personas que construyeron el plan!

La planificación es hacer estrategia. Todas las estrategias son hipótesis. Las hipótesis deben ser probadas con experimentos. Los experimentos proporcionan datos reales para ajustar la hipótesis, que a su vez ajusta las estrategias representadas en el plan.

Las buenas cadenas de suministro generan ahorro, las grandes cadenas de suministro generan dinero

Siendo responsable de la cadena de suministro en Indonesia, desarrollé el contacto con una naviera en Timor Leste para enviar productos desde Indonesia hasta este pequeño país (ubicado entre Indonesia y Australia) de un millón de personas entre Indonesia y Australia, donde actualmente la número uno del mercado es nuestra Big Cola.

Dicho cliente se consiguió bajo la gestión del área de supply chain de Aje Indonesia. Se trata de un caso donde la cadena de suministro no solamente genera ahorros y optimizaciones, sino que también genera negocios y ganancias.

En dicha gestión conocí al dueño de la distribuidora, un tipo muy inteligente que había estudiado en Australia y sabía mucho de negocios. Me invitó a conocer sus instalaciones y me sorprendió la cantidad de almacenes que tenía. Entonces me dijo: "Estoy construyendo dos nuevos almacenes para aprovechar el push y rebates de fin de mes y trimestre de mi proveedor" Su proveedor éramos nosotros.

Trataba de almacenar los productos que nosotros le proveíamos, pues cada fin de mes y trimestre aprovechaba los descuentos que el área de ventas le ofrecía con el fin de llegar a la cuota comercial.

Consideré que era innecesario y costoso el hecho que trimestralmente se interrumpa el flujo real de oferta y demanda de consumo en el mercado. Las ventas lentas durante la mayor parte de un trimestre se debían al aumento de descuentos, promociones y push de ventas de fin de trimestre.

Este fenómeno es causado por tácticas de venta que están desalineadas con los objetivos del negocio y que afectan la planificación de la cadena de suministro. Con ello, el beneficiario no deseado es un mayorista o un gran cliente minorista y no el consumidor final.

Esa información sirvió para replantear la estrategia comercial y nivelar ese detalle que le hacía ganar mucho dinero al distribuidor en Timor Leste, pero nuestra compañía no obtenía beneficio, sino todo lo contrario ya que originaba muchos extra-costos.

Entonces se pusieron incentivos en la fuerza de venta para que la demanda no se cargue cada fin de mes y/o trimestre, sino que sea tal cual es la demanda real

que suele ser sin tantos picos y valles.

III

Visibilidad de la cadena de suministro

Cuando descubrí en mi hijo su temprana afición por el tenis, pensé en todos los momentos que viviríamos compartiendo esa pasión. Inmediatamente compré sus raquetas y pelotas por internet. El pedido llegaba en 5 días. Noche y día me preguntaba el status del pedido: si ya había salido de la tienda, si ya había llegado al puerto, o pasado aduanas

Mi gerente de producción en Vietnam, en plena temporada alta, tuvo un falla imprevista en la compresora de la línea más rápida. Se hizo una compra de urgencia al proveedor que está en Italia, y que prometió enviarla inmediatamente, previo pago 'in advance'. Debíamos monitorear si recibió el pago, si procesó el pedido y el estado del envío.

Mi Gerente de Calidad en Tailandia, al encontrar una posible contaminación en un lote de un ingrediente natural que viene de España, necesitaba saber la ubicación del lugar de cultivo de la uva blanca con la que producían y el tipo de suelo para determinar si el insecticida que se usaba en esos suelos tenía una sustancia que tenía baja resistencia a la formación de levaduras.

¿Qué tienen en común estas historias? En todas ellas se requiere tener información sobre el producto, en alguna parte del proceso ya sea al inicio, durante su producción o en la entrega.

En la actualidad, las cadenas de suministro se definen por su complejidad. En esta compleja red, centrada en la demanda, lograr la visibilidad completa de la cadena de suministro y tener al cliente en el punto de mira es lo que diferencia a las empresas líderes del resto.

El gran reto es lograr una visibilidad completa, es decir, tanto para los fabricantes como para los clientes, a fin de poder llevar a cabo las medidas correctivas necesarias de forma inmediata si se produce un problema, o más importante aún detectar algún posible incidente antes que ocurra o llegue al consumidor final. Cuanto más rápida sea la acción, menores serán las repercusiones y los costes para la empresa.

No solamente es importante el hecho de conocer a nuestros clientes directos, sino también conocer quién es el proveedor del proveedor de nuestro proveedor. La importancia de la relación con los proveedores y socios es un factor clave para lograr la excelencia operativa que es uno de los pilares más importantes en la gestión exitosa de una cadena de suministros.

La visibilidad de la cadena de suministro hace que más que un líder, uno se convierta en un director de orquesta, para poder sincronizar los diferentes eslabones.

No solo conocer y administrar el primer nivel, también es preocuparse por el proveedor y el cliente, y garantizar la fluidez de los siguientes niveles/sub-niveles.

Por eso es muy importante el mapeo de toda nuestra cadena de valor. Tener visibilidad y mapear nuestra cadena de valor para poder solucionar los problemas, especialmente las oportunidades a lo largo de la cadena.

La visibilidad de conducción y la optimización total de la cadena de valor son la mayor oportunidad para la transformación, siendo clave para una cadena de suministros más inteligente.

Cuando puedes observar cada etapa del proceso, se pueden abordar con tacto las ineficiencias y los puntos débiles, mientras se miden los resultados para crear un cambio real.

Por el contrario, si no se analiza dónde están los puntos críticos, no se tendría una visión realista para mapear la situación y buscar solucionarlos.

Por ejemplo, una empresa exportadora tiene un problema como el deterioro de los alimentos. Hasta el 30% de todos los bienes perecederos se echan a perder antes de que lleguen a su destino.

Es posible que pueda medir esta pérdida, pero si no se entiende dónde está ocurriendo el problema en la cadena de suministro —o por qué—, la solución del problema se vuelve difícil.

Más que un problema específico como el deterioro, una mejor visibilidad de la cadena de suministro también aborda problemas como el robo, la pérdida, las responsabilidades legales, el seguimiento de activos y más.

La mejor manera de entender las relaciones complejas es a través de la representación gráfica. Un mapa de la cadena de suministro es una representación gráfica de su red de proveedores (o cadenas de suministro seleccionadas).

Los mapas pueden ser geográficos o un diseño de red abstracto.

Mapear trae, sin duda, muchos beneficios, destacando los siguientes:

- Aprovechar las oportunidades de consolidación y sinergias.

- Oportunidades para reducir los costos de transporte.

- Oportunidades de negociación en puntos críticos.

- Racionalizar la cadena de suministro.

- Establecer una responsabilidad a los proveedores y proveedores de transporte.

- Crear dashboard o tableros de control de indicadores.

También, es importante reconocer los riesgos. Es posible que conozca a sus proveedores de primer nivel bastante bien, pero ¿qué tan bien conoce a sus proveedores en los niveles dos y tres? ¿Qué pasaría con su negocio si un proveedor de nivel inferior no lo abasteciera?, quizás debido a un terremoto, disturbios civiles, inundaciones, incendios o un colapso financiero. ¿Cuál sería el impacto para su marca si un proveedor de segundo o tercer nivel estuviera atentando contra derechos globales, como la explotación infantil o el maltrato laboral?

Mas aún por temas de compliance, sostenibilidad y continuidad de negocio, es importante tener información de todo tipo que pueda ser útil para detectar alguna irregularidad, tales como narcotráfico, abuso infantil, atentados ecológicos.

Con frecuencia las compañías confían en sus proveedores del primer nivel, que a su vez administran los siguientes niveles de proveedores aguas abajo.

Generalmente los compradores de las compañías no tienen idea de quiénes son esos proveedores de nuestros proveedores, sus controles y qué medida de compliance tienen.

Y acá hago una reflexión: los líderes de Cadena de Suministro tenemos un rol importantísimo en identificar y filtrar estas desviaciones. Tradicionalmente nos miden por KPIs que priorizan reducción de costos, así como objetivos de eficiencia operacional y de rentabilidad, delegando los temas de ética, cultura y compliance al área de Recursos Humanos o Auditoría. Un gerente de Supply Chain le agrega mucho valor a la empresa y a los stakeholders cuando se involucra en los intangibles de la cadena de suministros.

Por eso, es importante darle visibilidad y transparencia al proceso. Las recientes herramientas tecnológicas y el Blockchain están ayudando a darle más agilidad a la visible la cadena y sus transacciones.

Blockchain podría ayudar a posicionar a los remitentes para que comprendan mejor y rastreen sus acciones, mejoras y efectos. Además, Blockchain mejorará la dinámica del comercio global.

Por ejemplo, se podrían crear contratos basados en blockchain para asegurar que todas las partes entiendan sus obligaciones, lo que tendrá una implicación importante para eliminar la confusión que puede surgir al operar entre otras culturas. En cierto sentido, en el Blockchain se establecerán los nuevos incoterms, los términos de comercio internacional.

Sin embargo, la realidad muestra que falta un factor para gestionar redes de suministro complejas: la transparencia.

En ese sentido, el uso de Big Data dará a las empresas la capacidad de mirar más allá de las necesidades superficiales de la corporación.

Big data puede aumentar la visibilidad y la transparencia de la cadena de suministro a través del control en tiempo real y la visibilidad de múltiples niveles (proceso, decisión y financiero).

Independientemente de la ubicación de los datos, garantizará transparencia y responsabilidad.

En Aje Thai, los gerentes principales (la primera línea) visitan al menos una vez al mes el mercado y caminan por las calles. Interactúan con público, clientes, consumidores, para tener un enfoque directo con sensibilidad de nuestro negocio / productos. Conocen hábitos, competidores y oportunidades y el impacto que pueden generar desde sus respectivas áreas funcionales.

Otro aspecto importante es el desarrollo de pequeños socios y proveedores. No olvidar que Aje Group nació en una ciudad muy pequeña en Perú, con grandes problemas en un entorno violento y de pobreza. Apoyando el espíritu emprendedor, generando empleo, apoyando a empresas independientes y emprendedoras, buscando aumentar las oportunidades y el bienestar donde sea que opere la corporación.

La experiencia automotriz

Esto ocurrió en Perú, cuando desarrollaba el supply chain de la una empresa automotriz, que operaba una marca coreana líder a nivel global y era representante de otras grandes marcas.

Aunque las ventas eran sólidas, la gerencia tenía la preocupación que sus clientes, e incluso los empleados, no estaban satisfechos con la evolución de ese crecimiento.

En el Perú, en esos años, cuando alguien compraba automóvil, el concesionario lo entregaba en un lapso de tres a cuatro semanas, debido a la gran cantidad de trámites bancarios, registros, regulaciones, procesos internos, que generaban este tiempo de espera. Casi el 90% de los autos se compran por financiamiento o crédito.

Entonces, estas tres o cuatro semanas eran, de alguna manera, aceptables.

Pero ¿qué pasa con el cliente que paga en efectivo el 100% del precio?

Según algunas encuestas del sector, la mejor experiencia de para un comprador de automóvil es tener su vehículo en el mismo momento que ambas partes han efectuado la transacción de compra-venta y firmado los documentos correspondientes. Por ello, la compra de un automóvil al cash y darle esa experiencia de entrega inmediata al consumidor era un reto que nos propusimos con el equipo gerencial, ya que representaba una clara ventaja competitiva frente a los competidores.

Así que el equipo de operaciones trabajó en conjunto con el equipo de la administración, para crear una dinámica centrada en superar las expectativas del cliente en cada punto de contacto clave.

Cuando la empresa lo entendió, todos los mecanismos se centraron en lograr una experiencia de cliente extraordinaria, en donde algunos procesos fueron rediseñados para lograr ese objetivo.

Las eficiencias aumentaron tras el rediseño, tanto en la forma de trabajar en la planta de PDI (Pre-Delivery Inspection) y depósitos aduaneros, así como en los procesos de back office, administración y planeación.

La organización completa (los empleados, los procesos y las instalaciones) se alineó a la experiencia de cliente y los resultados fueron espectaculares.

Al ser parte de un programa piloto, se tuvieron que hacer algunos ajustes regulatorios antes de salir "en vivo", pero lo relevante fue trabajar con un enfoque centrado en el cliente, que todos los empleados sientan esa preocupación por la experiencia del cliente, esa obsesión que debería estar arraigada en cada aspecto del trabajo.

¿Cómo lograrlo? Diseñando procesos desde el cliente hacia atrás, capturando los comentarios de los clientes en tiempo real (sin filtros ni sesgos), usando un marco de calidad para el desarrollo de la organización (principios rectores).

Dos claros ejemplos de este concepto son: Zappos y Amazon.

Para comprender realmente la experiencia del cliente, se debe entender que abarca todos los aspectos de las ofertas de una empresa, desde la calidad de sus productos hasta la gestión de su reputación, el marketing, el empaque, el servicio, la confiabilidad y más.

Ese cambio en la mentalidad de la organización, ese gran detalle, fue el comienzo de una hazaña que era impensable en ese momento: quitarle la hegemonía a las marcas japonesas en el mercado peruano.

El mayor impulsor del valor comercial en el futuro no serán los algoritmos que utilice para optimizar sus operaciones e infraestructura, sino aquellos que creen experiencias convincentes para sus clientes y consumidores.

El Rally Dakkar y el S&OP

Permítanme hacer algunas analogías entre el proceso de planeamiento de Ventas y Operaciones (S&OP), el Rally Dakkar y la Fórmula 1.

En primer lugar, las ventas y operaciones no son una carrera de Fórmula 1. En la mayoría de nuestro accionar, parece que estamos más en una carrera Off-Road.

Los corredores de Fórmula 1 y Nascar conducen por un mismo circuito repetidas veces mientras que los corredores de Rally conducen diversas curvas una sola vez.

Para tener un viaje exitoso en las carreras Off-Road debemos prepararnos y desarrollar resistencia, debido a las incógnitas de conducir un nuevo curso en cada tramo.

El control es la base de una buena planificación y ejecución de S&OP. Controlar el riesgo, controlar lo inesperado y aumentar la resistencia.

Nos han hecho creer que la velocidad lo es todo en el negocio. Y si no somos veloces, morimos.

En el Rally Dakkar, los pilotos no han conducido el rumbo antes de la carrera, solo un ligero reconocimiento. Los pilotos de Rally más rápidos pueden interpretar las curvas de forma instintiva y con precisión.

Los pilotos aprovechan esta capacidad para tomar decisiones acerca de cuándo girar y aprovechar al máximo la maquinaria durante los giros, lo que ahorra tiempo y permite que el automóvil tome mayor velocidad.

A veces, por querer ir al máximo de rapidez terminamos perdiendo mucho tiempo, generando mayores problemas por una inadecuada preparación y planificación. Es cierto, mucho análisis genera parálisis, pero primero debemos saber donde estamos parados. Por eso, es importante contar con una planificación de negocios integrada (IBP) que será como nuestro GPS en un Rally Off-Road.

En los Rally, en la etapa de carretera, siempre la perspectiva será perder el menor tiempo posible, es vital maximizar el rendimiento para recuperar lo que se perderá en las etapas de desierto. Por lo que se evidencia una prueba de resistencia más que de velocidad, donde los escenarios más complicados son los que deben contar con mayores variantes estratégicas.

El trabajo en equipo entre el conductor y el copiloto también se evidencia en un

Rally. El copiloto debe leer el mapa de coordenadas, material de cronometraje y puntuación; y el conductor debe comprender un código complejo que describe con precisión el camino que se avecina. Es lo que hace un equipo integrado en los procesos de Planeamiento de Ventas y Operaciones (S&OP).

Si lo aterrizamos en el comportamiento de los dinámicos mercados emergentes, para lograr el éxito no siempre podemos luchar con las mismas armas, se debe buscar estrategias y variantes: nuevos mercados, nuevos atajos, nuevas formas de hacer las cosas de forma disruptiva e innovadora.

Mientras más disruptiva sea tu estrategia, tendrás más variables que atender como situaciones complejas para solucionar.

IV

Supply Chain y la

Responsabilidad Social

Antes de irme de Perú hacia Indonesia,

se me presentó una propuesta para

trabajar como gerente general de una

ONG norteamericana.

Me sorprendió ya que nunca había

tenido experiencia en dicho rubro. Pero

descubrí que esta ONG tenía la idea de

crear un nexo entre las grandes compañías del mercado peruano, como Alicorp, Unilever y Gloria, para vender los productos a través de colaboradores nativos en pueblos alejados de la capital de Perú, sobre todo mujeres. Con la finalidad de generar empoderamiento femenino en negocios independientes.

Consideraron que tenía una buena cartera de contactos en las empresas más grandes del país y que podría gestionar interesantes aliados.

Al final decidí irme a Indonesia, pero durante ese proceso realicé algunas anotaciones sobre desarrollo sostenible de proyectos que comparto a continuación:

Considero que la principal contribución de un profesional de la cadena de suministros para proyectos de desarrollo sostenible, es la experiencia en las áreas de operaciones logísticas, distribución y negociación, así como el entendimiento de los diversos eslabones con sus complejas interrelaciones donde la búsqueda de eficiencia es obligatoria.

La adaptación y el enriquecimiento de este know-how, con los aspectos sociales de la sostenibilidad, potencian los modelos de desarrollo sostenible que se podrían replicar en diferentes entornos, con un amplio grado de flexibilidad e innovación.

En cuanto a la extensión, difusión e implementación de los proyectos de desarrollo social a desarrollar, creo que la experiencia del profesional de Cadena de Suministro puede ser útil en la sistematización de procesos, basado en la formación, comunicación e implicación con la cultura local. La capacitación y la comunicación permiten transmitir efectivamente ciertos estándares, metodologías y planes de acción, estableciendo así una red de aprendizaje continuo, colectivo y colaborativo.

Visión en la Implementación a Nivel Nacional

Veo este emprendimiento social como una fuerza transformadora, expansiva y multiplicadora. Un modelo que incluye procedimientos, estándares, mejores prácticas y conocimientos adquiridos, para aumentar la probabilidad de replicar con éxito estos proyectos.

Considero muy importante adaptar y racionalizar el modelo inicial de acuerdo con el entorno y la cultura de la población y sus sistemas de relaciones intrínsecas.

Cuestiones para fortalecer

El nuevo desafío radica en las operaciones del campo y las estructuras de relación en las comunidades, así como la comunicación asertiva con ellas. Será muy importante saber los niveles de jerarquía formal e informal, quién es quién en las aldeas y comunidades, para hacer una integración efectiva.

¿Qué me fascina de estos proyectos sociales?

Soy un apasionado de transformar el estado de una situación actual a un estado futuro deseado, y al mismo tiempo mejorar la calidad de vida.

Para mejorar y optimizar los sistemas sociales de desarrollo sostenible, no existe una rigidez esquemática o conceptual, ya que cada caso o contexto es diferente.

Los emprendedores sociales son personas persistentes que conciben nuevas ideas con la esperanza de resolver problemas importantes. La misión es centrarse en los 'mercados insatisfechos' con recursos limitados, abordando los problemas que actualmente las instituciones estatales no atienden de manera ingeniosa, correcta y eficiente.

Trabajar en empresas corporativas te puede dar una visión integral de los negocios, en aspectos comerciales, operacionales y de gestión. Por lo tanto, es un llamado a transformar esta experiencia corporativa en una experiencia palpable y tangible en las personas o comunidades que por diversas razones no han alcanzado niveles de igualdad y necesitan acceso a herramientas que les permitan una mejor calidad de vida.

V

Cambios en el perfil del líder de Supply Chain: Estratégico y Algorítmico

A medida que vemos la evolución de los clientes y su empoderamiento como agente decisivo en el mercado, la propuesta de valor y los procesos deben estar respaldados por las herramientas de la tecnología y especialmente en la evolución del liderazgo en la cadena de suministros.

La capacidad más importante requerida para liderar una transformación en supply chain es el pensamiento estratégico y la resolución de problemas.

Tradicionalmente, los profesionales de logística y la cadena de suministro han sido más tácticos. Se enfocaron en asegurarse que las líneas de producción se sistematicen y los pedidos se cumplan de la manera más rentable y oportuna.

El 'apaga incendios' se hizo altamente valorado.

Pero esas habilidades que le sirvieron al gerente de la cadena de suministro no son suficientes para los próximos desafíos del mañana.

Las cadenas de suministro se están transformando de tácticas a estratégicas y requieren un nuevo tipo de líder: un líder estratégico y algorítmico.

Un líder de la cadena de suministro estratégico ve las capacidades del supply chain a través de un lente diferente al tradicional, que se desarrolla de adentro hacia afuera. El líder de la cadena de suministro estratégico emprende el negocio en un entorno de conectividad total: de afuera hacia adentro. Del cliente hacia los procesos internos, de las fuentes de aprovisionamiento externo para buscar eficiencias y sinergias, de oportunidades aun no exploradas en el mercado.

En este sentido emerge el rol de un nuevo tipo de liderazgo que tiene un potencial enorme para lidiar con esta revolución: el 'Lider Algorítmico'.

Un líder algorítmico es alguien que adapta con éxito su toma de decisiones, estilo de gestión y producción creativa a las complejidades de la era de la revolución industrial 4.0.

Para ser un líder exitoso en esta nueva era se requiere un enfoque diferente, un conjunto diferente de habilidades y una forma diferente de pensar.

Y es el tipo de líder que se perfila como el más adecuado para liderar las cadenas de suministro modernas o parte de ellas, ya que necesita operar en una totalidad interconectada que se parezca más a un ecosistema orgánico.

En este sentido no importa si eres el VP de Supply Chain, el COO, Jefe de Logística o Analista de Planeamiento. Cuando eres pequeño, tu valor como líder se define no por tu posición en un organigrama o un título en tu tarjeta de presentación, sino por el mapa de tus conexiones y relaciones. El poder no está en cuántas personas te reportan, sino en el éxito que has tenido en conectar personas, socios y plataformas. Agregas el mayor valor cuando creces y alimentas tu red organizacional, no cuando te abres camino hacia la cima de la pirámide corporativa.

Los líderes algorítmicos tienen que prosperar sin jerarquías o estructuras claramente definidas. Necesitas ser un conector, no un controlador. Ser parte integral de un sistema de raíces que no tiene centro o borde y que depende de uno mismo para alimentarlo con nutrientes y expandir sus conexiones.

Este nuevo liderazgo es parte crucial de este desafío a lo convencional, en la transformación de la que somos parte. Por eso el nombre de este libro: Chainllenge (Desafiando la Cadena). Debemos desafiar todas nuestras nociones tradicionales sobre estructura, jerarquía y orden. Significa aprender a aplastar su propio ego, derribar voluntariamente las estructuras corporativas que respaldan tu estado, dejar de lado la idea de que necesita tomar todas las decisiones, dejar que sus equipos se auto-organicen y auto-administren, abrazando un futuro nuevo e incierto.

Si bien podemos terminar tomando menos decisiones en el futuro, los líderes necesitarán pasar más tiempo diseñando, refinando y validando los algoritmos que tomarán esas decisiones.

El éxito dependerá más de qué tan bien gestiona su personal, clientes o proveedores. De hecho, es más probable que su futuro dependa de qué tan bien aproveche todos los datos e información

A pesar de todos los avances en la inteligencia de las máquinas, que incluso pueden tomar decisiones en nuestro nombre, solo los humanos tendrán la capacidad única de imaginar formas innovadoras de utilizar la inteligencia artificial para crear experiencias, transformar organizaciones y reinventar el mundo.

La observación a todo nivel será vital, cada observación es una señal que te regala la vida

Mi hijo de 3 años ya interactúa con la inteligencia artificial y los algoritmos predictivos. Le fascinan los aviones, agarró mi Tablet y empezó buscando unos dibujos animados de aviones en YouTube, luego fue descubriendo en otros videos todas las partes de un avión (que ni yo conozco), y al pedirme que le compre kits de aviones me mostraba los modelos y las páginas donde las podía adquirir. El sistema inteligente asociaba páginas de e-commerce con productos relacionados al interés del usuario en sus búsquedas. A sus 3 años, interactuaba y entendía perfectamente y de manera intuitiva los algoritmos de Google y la Web, con sus herramientas de inteligencia artificial.

Aprende de tus hijos. Si desea diseñar productos y servicios que prosperarán en el futuro, debes centrarte en las personas que vivirán en él. Nuestros hijos son la generación precursora de la era algorítmica. Habiendo crecido rodeados de inteligencia artificial integrada en todos sus productos y aplicaciones, tendrán un conjunto radicalmente diferente de expectativas y perspectivas sobre la forma en que el mundo debería funcionar. Aprende de ellos.

El líder estratégico y algorítmico puede pasar directamente del concepto "start-up" a "scale-up". Los límites no están en su ADN.

Mientras que un líder de una compañía tradicional podría haber sido aclamado al lograr pequeñas ganancias en los márgenes operativos al ser disciplinado con los costos, tener menos inventario o extender el plazo de pago a los proveedores, un líder algorítmico necesita pensar en grande solo para sobrevivir.

Los líderes algorítmicos pueden aprovechar los datos y el aprendizaje automático para crear un entorno más autónomo y descentralizado para que sus equipos trabajen. Es mejor ser un jardinero que proporcione un entorno fértil para el crecimiento que un guardia de la prisión cuyo trabajo es garantizar el cumplimiento.

Lo único peor que la falta de crecimiento es el costo de oportunidad de no crecer lo suficientemente rápido.

El trabajo de un líder algorítmico no es trabajar. Su verdadero trabajo es diseñar trabajos.

La importancia del diseño del trabajo no se trata solo de encontrar formas nuevas e innovadoras de hacer las cosas. A veces puede ser tan importante preservar el conocimiento que ya tiene, identificando y replicando patrones de talento, o el conocimiento implícito y la experiencia de sus mejores personas antes de que se vayan o se retiren.

Mike Walsh en su libro "El Líder Algorítmico" y en el que me baso para este concepto sentencia: 'el último paso para "diseñar el trabajo" en lugar de "hacer el trabajo" es pensar en la versión digital de lo que haces. Al retroceder y concebir su producto o su proceso general como algo que puede abstraerse, monitorearse y configurarse virtualmente, descubrirá no solo oportunidades para la automatización sino también modelos de negocio completamente nuevos'.

El arte del cuestionamiento

Es básico alentar constantemente a nuestra gente fomentando la proactividad, buscar que las cosas sucedan siempre bajo una dinámica de cuestionamiento constante.

Cinco decisiones que los S&OP modernos deberían mejorar:

1) ¿Cómo puedo generar valor de forma proactiva a través de la demanda? El S&OP tradicional se ha centrado principalmente

en la precisión del pronóstico y pregunta cosas como: ¿Qué demanda debemos satisfacer? Cuando los planes de demanda se consideran insumos, el S&OP moderno puede hacer preguntas como: ¿Qué demanda debemos impulsar de manera proactiva? ¿Con qué productos y en qué canales / clientes?

2) ¿Cómo puedo solucionar la demanda para maximizar el

valor global? La planificación de la oferta se ha centrado tradicionalmente en la entrega contra el plan de demanda haciendo preguntas como: ¿Podemos satisfacer esta demanda? ¿Cuál es la forma más eficiente de hacerlo? Al resolver la demanda con el fin de maximizar la rentabilidad, el S&OP puede reenfocar sus preguntas hacia: ¿Qué demanda debemos satisfacer? ¿Cuál es el plan que maximizaría el valor total?

3) ¿Cómo podemos considerar explícitamente las concesiones del contrato con el cliente para maximizar el ROIC (retorno de capital)?

Tradicionalmente, S&OP se ha centrado más en ayudar a los profesionales a optimizar sus opciones frente al impacto estratégico y financiero en la empresa. Esto generalmente implica hacer preguntas como:

¿Podemos respaldar este contrato del cliente? ¿Podemos apoyar una campaña promocional de última hora? ¿Debemos construir nuestro inventario de productos complejos?

Al considerar explícitamente las compensaciones, el S&OP moderno comienza a considerar preguntas como: ¿Cómo estructuramos un contrato con el cliente para maximizar el valor? ¿Cuál es el impacto en las ganancias de las promociones de última hora? ¿La creación de inventario impulsa la mejora en las ganancias, el flujo de efectivo y el ROIC?

4) ¿Cómo podemos realmente alinear S&OP con los objetivos estratégicos de nuestra empresa?

Un enfoque tradicional de S&OP utiliza la heurística para

alinearse con la estrategia de una empresa, considerando cosas como: ¿Cómo podemos gestionar la introducción de nuevos productos para el volumen? ¿Qué volúmenes debemos asignar a los clientes estratégicos?

Al considerar los objetivos estratégicos de la empresa, la estrategia de S&OP puede abordar cosas como: ¿Cómo podemos impulsar de manera óptima la introducción de nuevos productos y cuál es el valor esperado a lo largo del tiempo, incluidos los costos de oportunidad? ¿Cuál es el impacto de los objetivos de sostenibilidad en la demanda, la oferta y el desempeño financiero? ¿Dónde está nuestra red subóptima y cómo podemos asignar inversiones de manera óptima?

5) ¿Cómo podemos optimizar los resultados financieros?

La estrategia de S&OP comúnmente involucra la agregación de los resultados del plan en el impacto financiero. Por lo general, esto abordaría aspectos como: ¿Cómo se traduce un plan S&OP aprobado en P&L y en los pronósticos de flujo de efectivo?

Al considerar las finanzas como una entrada en el proceso de

S&OP, la estrategia moderna puede enfocarse en lo siguiente: ¿Qué plan optimiza la rentabilidad? ¿Qué plan optimiza el flujo de caja? ¿Qué plan optimiza el ROIC? ¿Cuál es la cantidad correcta de capital de trabajo y su impacto en los resultados comerciales?

S&OP no es solo un número de consenso

Adoptar un S&OP proactivo garantiza la visibilidad de las cadenas de suministro, para que obtengan una ventaja competitiva ahora y en el futuro.

La visibilidad de conducción y la optimización de extremo a extremo de la cadena de suministro es la mayor oportunidad para la transformación.

VI

Entrevistas en Medios

Entrevista de Juan José Sandoval a Raúl Samaniego en Miraflores TV Digital de Perú (Mayo, 2019)

Estamos transmitiendo desde Lima, Perú, para todo el ciberespacio. Mi nombre es Juan José Sandoval Zapata y esto es Tecnología & Negocios vía Miraflores TV Digital.

Los protagonistas de la innovación en el Perú están aquí, nos acompaña el

ingeniero Raúl Samaniego Vela, Director de Supply Chain de Aje Tailandia.

¿Cómo estás Raúl? Entiendo que has venido a Lima y has recibido un reconocimiento.

Aje es una operación que está en más de 24 países a nivel mundial, principalmente en Latinoamérica, Asia y África. Yo estoy en la operación de Tailandia, a cargo de la cadena de abastecimiento de extremo a extremos end-to-end, con una importante participación en el mercado asiático, no solamente en Tailandia, también exportamos a Vietnam, Indonesia, Cambodia, Mianmar, Lagos, Madagascar, Bután. No solamente hacemos las bebidas gaseosas, también hacemos las tapas y las preformas, que son las botellas sin soplar. Entonces, es un mercado amplio que estamos aprovechando y con muy buenos resultados tanto en la operación de Tailandia como en el grupo en general.

En todas las fábricas de AJE se hacen las botellas, por ejemplo, ¿o solo en algunas?

No en todas, solo en las de Asia.

¿Pero proveen a otras?

Podemos, podemos explotar ese mercado. La idea es optimizar al 100% nuestros activos y eso es lo que estamos haciendo, como área de cadena de suministros, no solamente buscando ahorros, sino buscando hacer negocio, hacer dinero. Es el nuevo concepto que queremos instaurar, una cadena de suministros proactiva, que lidere el cambio.

¿Cuánto representa para AJE la operación de Tailandia?

Es una operación muy importante, yo te diría que está entre las tres principales del grupo, por el nivel de crecimiento. Siempre para la operación es una buena señal tener presencia en Asia. Lo que representa Asia, como continente, como región, por lo rápido que se está moviendo todo allá. Eso te da un nivel de plataforma de una visión más amplia. De cómo vienen esos mercados que en algún momento fueron muy similares a los nuestros, por cuestiones demográficas, de población, y que hoy en día demuestran un avance vertiginoso. Eso te da unos matices para tú poder ver por dónde vienen las cosas, por dónde vienen las tendencias. Aprender también, y ver cuáles de estas tecnologías se pueden aplicar.

Actualmente estamos en una etapa de la era humana en el que el costo de la tecnología se ha vuelto muy alcanzable. Las cosas que veíamos antes, de robótica o que representaban la ciencia ficción, ya se están dando.

Y son populares y baratos...

Son populares y cada vez más alcanzables, entonces es un momento importante para los profesionales en general, no solamente de la cadena de suministro. No se trata solamente de copiarlas, también es entenderlas para poder decidir sobre la que se adapta más a tu negocio, a tu emprendimiento.

¿Todas las fábricas de AJE tienen similar estilo de producción? ¿Cómo se estandariza un nivel de calidad?

Tenemos muchas cosas en común, el portafolio en genera. No solamente producimos bebidas carbonatadas, sino también una amplia gama de categorías y orientándonos hacia productos saludables. Lo que en algún momento se denominó 'democratizar el consumo con un precio justo' ahora se busca democratizar la salud. Esa es la tendencia en cuanto a las bebidas en el mundo. Ese es nuestro foco, pero cada operación, cada país tiene sus propias realidades, sus propias etapas de maduración. Eso hace que el negocio sea global, pero operado de manera local. Es 'glocal', un pensamiento global pero operado a un nivel local.

¿Cómo hacen para 'tropicalizar' y cómo has hecho tú para adaptarte a Tailandia?

En general, el peruano es una persona muy adaptable, ser emprendedor nos ha ayudado a muchos peruanos en el mundo. Desarrollarnos, aprender a buscar oportunidades, ser resilientes. No es fácil, pero estos retos hacen que de alguna manera te vuelvas más asertivo, aprendas de las experiencias, de los errores. Es como el ADN de la empresa, tienes que ser arriesgado en la toma de decisiones. Es lo que caracteriza al grupo y eso ha permitido también que las operaciones se adapten muy bien al país en el que operan.

¿Hay posibilidades de que te vayas del sudeste asiático?

Por el momento, tenemos muchas cosas que hacer en el sudeste asiático, es fascinante. Llevo cinco años en esta parte del mundo, tres en Indonesia y dos en Tailandia. Yo creo que tengo para algún tiempo más ahí.

¿Cómo ha sido esta experiencia?

Ha sido una oportunidad súper interesante, la valoro mucho.

Sin embargo, siempre estás viajando, das conferencias. Vas a estar en Alemania en unas semanas, has estado de speaker en Japón.

Antes de irme al sudeste asiático era docente de algunas universidades, siempre me gustó transmitir y compartir las experiencias y conocimientos. Eso me permite actualizarme, estar en contacto con un adecuado networking de oportunidades. En Asia en general, se está liderando estas tendencias, se ve mucho la aplicación de la tecnología y a mí me fascina que se aplique en los negocios, esta etapa que le dicen la cuarta revolución industrial, que ya no es una revolución de las tecnologías sino de la sociedad. Todo está viéndose impactado. Hace pocas semanas estuve en China y me quedé asombrado que ya no se usen monedas ni billetes, en las pequeñas bodegas o los negocios más chicos se usan los celulares y códigos QR.

Yo siempre cuento algo que me impresionó en China, ver un mendigo pidiendo limosna pero ya no monedas sino a través de un código QR a su teléfono móvil para que le cargues dinero y pueda comprar en la tienda de la esquina.

Un mendigo digital. Un híbrido que deviene de la era 3.0.

Ya superó la imaginación de los novelistas.

También hablas de un nuevo concepto: la cobótica, que fusiona la robótica con la cooperación humana, una sinergia hombre/máquina.

Es un concepto que me interesa mucho.

Porque, por años ha existido la idea de que la máquina le va a quitar el trabajo al hombre.

Ahora hay el temor de que el robot de acá a unos años devuelva el trabajo al hombre. Que se vuelva tan inteligente que ya no quiera trabajar. Se está llegando a un nivel muy interesante, pero a mí me interesa mucho la parte humana. Esa simbiosis entre convivir con el ser humano y la robótica. La robótica al final está reemplazando a todas las actividades repetitivas que hacía el ser humano sin pensar, de forma sistematizada. La robótica está tomando ya esas funciones y hace que las capacidades se rediseñen en la fuerza laboral. Esto ha hecho que el ser humano se desarrolle más, porque ya lo que se le pide en el trabajo no es necesariamente ejecutar, inclusive en algunos casos analizar porque ya la inteligencia artificial analiza. Es ya pensar en resolver problemas, en hacer esa simbiosis entre el consumidor, que es humano, y las máquinas. Es pensar en eso, es pensar en cuestiones disruptivas fuera de la caja. Eso es lo que se puede potenciar. No se trata de 'qué puede hacer la tecnología', sino qué puede hacer el ser humano con la tecnología.

Eso hace que las posibilidades crezcan exponencialmente. ¿Cuándo crees que haya un mendigo digital, con código QR en el Perú? ¿Dos décadas?

Ojalá que no hayan más mendigos en el mundo en dos décadas. Pero esto viene muy rápido. Habal do del dinero electrónico, por ejemplo ahora, aquí en Lima, antes de venir aquí al programa compro un Volt (energizante) en una bodega y ¡no tenían vuelto! por lo que perdieron la venta. Imagínate qué interesante sería ya no manejar el dinero físico, nos aliviaría muchos problemas. Pero esto se dará muy pronto.

El uso del dinero es cada vez más obsoleto, viendo el tema de la cryptomoneda que le da muchas luces al sector financiero, el blockchain, el supply chain en el tema industrial, son innovaciones y tendencias que están haciendo que el mundo revolucione. ¿Cómo ves la innovación peruana?

Si me preguntas como país, y como región incluso, todavía hay brechas. Se están haciendo algunas cosas interesantes por algunos sitios pero creo que estamos un poco pasivos frente a lo que está llegando. Tampoco es que estemos del todo mal, la tecnología está cambiando demasiado rápido. El mismo blockchain que tú mencionas, probablemente aparezcan otras variantes que la hagan obsoleta. Por eso hay que estar atento a lo que está pasando, entender la tecnología y no solamente tenerla. Las tecnologías hay que escogerlas 'future proof' a prueba de tiempo, porque en poco tiempo puede cambiar y quedar obsoleta. Se busca que la tecnología pueda ser escalable y que pueda ser sostenible en el tiempo.

Estás preparando un libro que recoge las experiencias que has tenido como conferencista, como ejecutivo de esta gran empresa.

Un poco compartiendo las experiencias que voy recogiendo en el camino de mi vida profesional, en Asia, en los viajes, las conferencias, lugares tan distintos como China, Japón, Europa, India.

Contarlas de manera amigable, sencilla y entendible, porque ahí es cuando te enganchas. Transmitir a manera de historias, conceptos y experiencias de temas que pueden ser un poco rígidas o tecnologías atemorizantes para el entendimiento cotidiano.

Apareciste en los medios de comunicación de Perú hablando de oportunidades laborales para peruanos en el sudeste asiático.

Un profesional peruano puede laborar en cualquier parte del mundo, ver la capacidad del trabajador peruano y su actitud es algo que resalta. Si uno ve trabajadores de distintos países y culturas, siempre va a destacar el peruano. Hay que valorar esa oportunidad y lanzarse al mundo de las oportunidades. Es lo que también quiero transmitir en este libro.

Entrevista de Juan Carlos Giraldo a Raúl Samaniego en el portal Podcast And Business de Boston, EEUU (Mayo, 2019)

Episodio con mayor cantidad de oyentes en 2019 en el portal Podcastandbusiness.com.

El supply chain es una necesidad en la actualidad. ¿Por qué las empresas deben implementar el supply chain?

Primero porque la gestión de cadena de suministros está surgiendo con la combinación de la tecnología. Esto va a mejorar las prácticas en todo el mundo, en la actividad diaria, a través de su buena implementación. Las compañías mejoran sus operaciones internas creando estrategias basadas en supply chain para lograr mayores ahorros, beneficios, adaptación a los nuevos mercados, colaboración entre estos. Al mejorar estos procesos los intercambios de información mejoran entre todos los miembros de la organización. Y por ende van a tener un mejor valor de *producto o servicio que va a ser entregado al consumidor.*

Lo más importante es que va a permitir, a la vez, disminuir costes en la organización.

Eso es prácticamente lo que el supply chain permite en las empresas, además del Supply Chain Management, que va a permitir la interacción entre muchas áreas para el logro de los objetivos.

El día de hoy estamos con Raúl Samaniego, Director de Supply Chain para Tailandia de la corporación peruana AJE. Una corporación peruana muy exitosa a través de los años. Vamos a conversar no solamente de esto, del concepto de supply chain, de la tecnología incorporada a estos procesos, entre otras cosas. Estoy seguro que este episodio será de mucha utilidad para ti, que estás trabajando en el campo del supply chain o que quizás quieras conocer un poco más de este interesante tópico.

Estamos en una conexión Boston-Bangok, Raúl es director de supply chain Tailandia para la corporación AJE. Y vamos a hablar de este tema tan interesante. Le damos la bienvenida, estamos en una diferencia de horario importante, ¿cómo estás Raúl? Un gusto de tenerte en mi podcast.

Hola Juan Carlos, efectivamente aquí ya es viernes, son doce horas más que en Boston, así que encantado de hablar en tu espacio.

Y qué gusto, porque es uno de los temas que tenía en mente, porque la gente lo conoce poco, qué mejor que conversarlo con un experto, una persona que conoce y que lo trabaja diariamente. Raúl, antes de comenzar, podrías darnos tu background profesional, eres peruano igual que yo, ¿cómo llegaste a Tailandia?, ¿cómo llegaste a ser director de AJE de esa parte del mundo? Para que los oyentes te conozcan y luego ya pasamos al tema en general.

Bueno, yo soy ingeniero industrial, egresado de la Universidad de Lima, con un MBA de la Universidad de Lima y la Universidad Autónoma de Barcelona. A partir de ahí desarrollé mi carrera en producción, manufactura, logística, en supply chain, y he tenido cursos de especialización en universidades de Estados Unidos, en Georgia Tech, en Ohio State y Kellogs. Y se dio la oportunidad cuando yo estaba trabajando en otra empresa, para entrar al grupo AJE, es la cuarta empresa de bebidas no alcohólicas en el mundo, y tenía una opción muy grande en Indonesia, un país con 300 millones de personas y requería, en vista de un crecimiento importante, desarrollar y rediseñar la cadena de suministro o supply chain. Es ahí que vengo para Indonesia, no pensé quedarme tanto tiempo, me quedé tres años en Indonesia y luego fui trasladado a la operación de Tailandia, que es la operación más importante del grupo en Asia.

Y es una región muy importante en el mundo. Tú Raúl eres ingeniero industrial, conoces de producción, logística, que son áreas muy importantes en las organizaciones, entonces partiendo de eso. Tú podrías definir el concepto de supply chain.

Para definir el Supply Chain Management de una manera sencilla, podríamos preguntarnos cuando tenemos un producto (una gaseosa, un chocolate), o un servicio, nos cuestionamos cómo llegó ese producto a nuestras manos. Qué se hizo, por dónde pasó, los materiales, los ingredientes, donde se produjo, qué se hizo, dónde se almacenó, cómo se distribuyó. Bueno, el supply chain es la que responde a todas esas preguntas. El supply chain es el área que coordina y ejecuta estas múltiples tareas involucradas en mover el producto, que nazca el producto, desde el diseño hasta que llega al cliente final. Desde el proveedor del proveedor hasta el cliente del cliente. Es un área que involucra toda la organización y que su fin principal y su valor agregado es apreciado por el cliente y con ello al pasar por toda la organización busca maximizar el valor creado, en forma continua, siempre en constante evolución.

Qué interesante, le agrega valor, entonces la cadena de suministros, que es muy importante, no solo envuelve a una parte de la empresa, sino a toda la organización. Ahora Raúl, ¿cuáles son las principales funciones que tiene el supply chain?

El supply chain al conectar con toda la organización, coordina también con otras organizaciones fuera de la empresa que pueden ser los proveedores, o los proveedores de los proveedores, outsourcing, regulaciones, entonces depende mucho de la organización para definir cómo está diseñado el supply chain. Pero básicamente la función principal es alinear las operaciones internas hacia el cliente en coordinación con las operaciones externas, buscando siempre optimizar lo necesario para operar. Digamos que hay tres tipos de empresas: las industriales, las comercializadoras y las empresas de servicios.

Las empresas comercializadoras y las de servicios tienen una cadena de suministro o un supply chain menos elaborado. Las empresas industriales sí tienen un supply chain más complejo, porque envuelven más actores, más eslabones en la cadena, y van desde las compras, gestionar outsourcing, el proveedor, la manufactura, la planta, el procedimiento de calidad y la logística propiamente, de entrada y de salida hacia los canales mayoristas, minoristas, canal retail, canal moderno, y obviamente todo dirigido por un planeamiento integral cuya base de colaboración con los distintos entes.

Todo el campo de operaciones. Yo trabajé hace años, cuando tenía mis veintes, en la Pepsicola y recuerdo mucho lo que se llamaba en ese entonces el departamento de logística.

Nos centrábamos mucho en lo local, pero ahora todo ha evolucionado y todo es entre países, entre continentes se maneja todo. Eso me lleva a una pregunta: hay muchos términos que se han usado, 2.0, 3.0, ahora se habla del supply chain 4.0. ¿Qué opinión te merece esto? ¿En qué se diferencian?

Justo lo que mencionabas, hace veinte años el tema de logística era distinto, entonces el supply chain es la evolución de un concepto dinámico y obviamente estos conceptos, 2.0, 3.0, es la evolución que acompaña a la revolución industrial que estamos viviendo ahora. En este caso del supply chain digital o el smart supply chain, o el supply chain 4.0, nace de esto y evoluciona en esta revolución tecnológica que ha generado el internet, la globalización. Entonces como bien decías ya estamos hablando del supply chain 4.0, pero yo no me di cuenta cuándo fue el supply chain 3.0, fue tan rápido y ya estamos viendo como una realidad lo que solo se veía en películas de ciencia ficción, es algo palpable, alcanzable. Los precios han bajado mucho en la tecnología. Podríamos decir que estamos en una etapa muy importante en la historia de la humanidad, que es la revolución industrial 4.0. Básicamente, está encapsulada a un conjunto de cambios tecnológicos en todo nivel, en el caso de supply chain, la manufactura, la logística, el planeamiento, los análisis, los impuestos, todo cambia, hay que replantearse todo e implementar muchas cosas.

En el caso propiamente de supply chain 4.0, esto aplica a innovaciones en el terreno de la robótica, en el terreno de internet de las cosas, el blockchain.

Eso es algo que te quería preguntar, ahora se habla mucho del supply chain consulting, el tema de la globalización, del global supply chain. En este tema que acabas de mencionar, Raúl, ¿cómo ves tú la adaptabilidad de estas cosas? Porque ahora ya los contratos se van a hacer en blockchain...

Como te digo, es un tema que ya está. Ya no tenemos que esperar más años. Obviamente estamos en una etapa temprana, de estas aplicaciones, de estas plataformas. Pero que ya hay que entenderlas, ya hay que saber de qué se trata, ya es una parte con la que tenemos que manejar los conceptos, no a un nivel de experto en programación pero sí saber a qué se refiere cada uno de estos conceptos, de IA, IoT, de blockchain. Algunos ya se están usando y hay industrias y países que los usan con más intensidad que otros. Es una era muy excitante para todos y más los que trabajamos en supply chain. Nunca antes se ha visto esta colaboración tan cercana entre lo que es el supply chain y la tecnología.

Interesante. Incluso estaba leyendo unos artículos en los que se menciona que no solamente es en sí el departamento de supply chain, envuelve también competencias, habilidades, el tema de manejo de inventarios, la planificación de la

producción, el warehousing. ¿Cómo ves tú el tema de Perú en Latinoamérica? Si bien es cierto AJE es una empresa peruana muy reconocida, pero tú estás en Tailandia. Bajando a la realidad latinoamericana.

Yo llevo cinco años fuera de Latinoamérica pero siempre estoy en contacto y al tanto de lo que pasa en el Perú y en general en América Latina. Definitivamente, todavía estamos un paso atrás de estas tecnologías. No quiero decir que no existan empresas peruanas que no las estén aplicando, lo hay. Los grandes grupos comerciales e industriales han creado vicepresidencias de transformación digital, vemos el caso de Alicorp por ejemplo. Definitivamente ya hay una consciencia de esto, pero creo que hay que acelerar, hay que avanzar rápido, porque esto es tan dinámico que si te quedas, las otras industrias, como los negocios son globalizados, nos quedamos un paso atrás. Lo que involucra utilizar esta tecnología hay que verlo con dos perspectivas, una es la reducción de costos, que antes era algo improbable. Y también hay que verlo desde el valor agregado, al cliente o al producto o al consumidor final. Yo creo que esta parte del mundo, en Singapur, en China, Japón o todo el sudeste asiático, el tema de la tecnología está muy fuerte, vienen profesionales de todo el mundo, de Estados Unidos, de Europa, a ver lo que está pasando acá, a ver las oportunidades porque el sudeste asiático es lo que está moviendo al mundo, son mercados muy dinámicos, es un gran laboratorio, de innovaciones que se hacen en todo el mundo. Incluso ya el gobierno ya califica el año como 'el año de la transformación digital', 'Tailandia 4.0', por ejemplo. Yo creo que en Latinoamérica hay mucho por hacer en estos aspectos.

Y además, no solamente envuelve las empresas, sino las universidades, los institutos de categoría, por ejemplo, también están desarrollando estas nuevas carreras para que den soporte a

lo que se viene. Aquí (EEUU) el MIT, Harvard, la universidad de Rotterdam en Holanda. En Perú, por ejemplo la PUCP tiene académicas específicas que preparan mucho el tema de supply chain para que la gente plasme ese conocimiento en las organizaciones. Ahora, hablemos un poco de AJE.

Desde hace algunos años, AJE implementó el área de supply chain, que antes estaba repartida en logística, en producción, en calidad, compras, entre otras. Y hace algunos años implementó el supply chain porque su relevancia en una empresa de la envergadura y de la complejidad de AJE lo ameritaba. AJE tiene un sistema complejo de global supply chain, nosotros operamos en más de veinticuatro países, en América, en Asia, en África. Entonces, digamos que AJE apuesta mucho al tema de mirar todo de forma global. Nosotros desde las fuentes globales de outsourcing en abastecimiento, tenemos compras globales centralizadas, también compras locales, regionales, siempre viendo los mejores precios, la calidad, también con procesos de manufactura de buena tecnología, de tecnología avanzada en el rubro de bebidas, y también con una distribución intensiva. Nosotros como AJE nos hemos caracterizado, desde sus orígenes, en llegar a donde otros no llegan. A esos lugares recónditos, remotos. Entonces la distribución es una parte vital en este negocio. Siempre enfocados en los procesos, costos, calidad, sostenibilidad. Digamos que nosotros operamos con el concepto de 'glocal'. Nuestras marcas son globales pero las adaptamos al entorno y preferencia local. Eso es lo que nos ha hecho tener éxito en determinados países. Cuando no lo hemos hecho, hemos tenido algunos problemas en el mercado, pero felizmente con el feedback y con la gestión del conocimiento que manejamos de las otras operaciones, retroalimentamos, ajustamos y corregimos.

Justamente estoy viendo el mapa y están en Nigeria, en Egipto, en las Islas

Reunión, Myanmar, en Laos, en Indonesia, la India. Y lo que dices es bien cierto, los productos de AJE llegaban a sitios que satisfacían una necesidad. Sabes qué me ha gustado mucho, que menciones el tema de la sustentabilidad que es básico en estos temas. Raúl, ¿todas las empresas tienen que aplicar el tema del supply chain? ¿Las pymes, las medianas, las grandes dentro de sus propias necesidades?

De acuerdo al tamaño de la empresa o al giro del negocio su supply chain va a ser más o menos complejo, grande. Pero el concepto de supply chain sí porque viene de una base tan elemental y básica como es la cooperación. Acá ya no se trata de 'mi empresa', de una empresa, ya la competencia no es entre empresas, la competencia es entre cadenas de suministro. Yo puedo hacer una empresa que tiene mucha tecnología y es muy buena internamente, pero si mi proveedor no me cumple, tiene mala calidad, entonces mi empresa incorpora eso en la cadena de suministro. Yo te diría que hay que adaptarla a cada necesidad, al tamaño de la organización y a la estrategia. Pero el supply chain es un concepto muy fuerte muy estratégico y de alto impacto para que las empresas consigan sus objetivos.

Y como dices, a todas aplica. Yo estaba leyendo por ejemplo el tema de las pymes, si ellos hacen una buena estrategia de supply chain, dentro de sus realidades obviamente, va a ser más competitiva. Tú manejas en supply chain en una empresa grande, pero en

el concepto general es muy importante.

Raúl, danos tus palabras finales. Creo

que estás por dar una charla.

El tema de las charlas, de las conferencias, está muy en boga justamente por estos temas nuevos y sobre todo por cómo se han ido aplicando en la realidad. Cómo lo aplicamos en nuestras industrias. Básicamente, yo diría que hay que diseñar la cadena de suministro y en general todos los procesos desde el cliente para atrás. Es algo muy básico pero que es muy importante. Generalmente diseñamos nuestros procesos internamente. Tenemos que partir desde el cliente hacia atrás y vamos a poder identificar una serie de procesos y actividades que no agregan valor, que se pueden eliminar y enfocarnos en los que sí agregan valor, que son necesarios. El lean management le agrega ese valor a la organización y sobre todo yo creo que lo mejor, a pesar de toda la tecnología, es la cooperación entre planeamiento, ventas y operaciones es la mejor manera de administrar una cadena de suministro. Ese conversar entre las áreas, viendo al cliente como la razón de ser, al final va a marcar cómo rediseñemos o cómo mapeemos los objetivos.

Y eso sí es parte importantísima del tema de la transformación digital, porque todo el mundo habla de ésto pero a veces nos preguntamos si realmente la aplican o no. Porque la transformación digital no es comprar computadoras. Es integrar el ciclo de

vida del producto, logística, el control de inventario, la demanda que tiene la gerencia, la demanda que tiene el cliente interno como el externo. Raúl, ¿dónde pueden contactar contigo?

Mi correo es raul.samaniv@gmail.com, encantado de comunicarme y tener contacto con gente de todo el mundo para intercambiar experiencias o poder colaborar con ellos con lo que se ha hecho aquí. Es muy importante este networking porque nos ayuda mucho a ampliar nuestros conocimientos, y debemos tener la idea de siempre cuestionarse, estar cuestionándose constantemente es la base de la mejora continua en el negocio.

Y lo que has mencionado durante la conversación, que es bueno pensar 'glocal'. Osea, con el pensamiento global pero adaptarlo localmente. Raúl, te agradezco por tu tiempo, tú estás en un día y yo estoy en otro día, pero pudimos concertar la entrevista, que estoy seguro que los oyentes de Podcast And Business alrededor del

mundo de habla hispana te van a agradecer. Yo estoy aprendiendo todo este tema del supply chain porque me parece importantísimo.

Un gusto conversar contigo de lo que me apasiona, el supply chain y los negocios, y también felicitarte por tu podcast que está súper bueno y adelante con todo. ¡Muchos Éxitos!